AF355839

NOTICE

QUELQUES MONSTRUOSITÉS D'INSECTES.

Notice

SUR QUELQUES

MONSTRUOSITÉS D'INSECTES,

PAR M. JEAN-CHARLES SERINGE,

LUE EN 1832, A LA SOCIÉTÉ LINNÉENNE DE LYON.

M'occupant depuis plusieurs années d'histoire naturelle, et ayant été à même de voir, soit dans les plantes, soit dans les animaux, un grand nombre de monstruosités, je cherchai à m'en rendre raison, et à voir l'utilité que l'on pourrait tirer de cette étude pour la science. On en a déjà senti l'importance en botanique, car c'est sur l'observation des monstruosités des plantes, que la belle théorie des métamorphoses végétales a été établie par M. Goethe, que nous venons de perdre, et par M. Decandolle. Bien que, jusqu'à présent, l'étude des monstruosités ait été moins importante en zoologie qu'en botanique, on ne doit pas négliger de consigner ces faits, ne sachant pas si plus tard ils ne pourront pas servir d'une manière plus utile;

c'est ce qui m'a engagé à indiquer ceux que j'ai remarqués dans les insectes, dont je m'occupe plus particulièrement.

Une chose qui me frappa dès les premiers temps de mes études entomologiques, fut le petit nombre d'anomalies qu'on observe dans les insectes ; j'en cherchai la cause, et je crus que cela pouvait venir du mode de fécondation, et du développement, qui est tout différent dans cette classe que dans les autres.

Les œufs étant formés dans l'ovaire de la femelle et durs déja avant que le mâle les ait fécondés, je ne concevrais pas facilement les phénomènes qui pourraient réunir deux œufs, d'autant plus qu'ils sortent au moment même qu'ils sont fécondés ; et, pour mieux le faire comprendre, je vais donner succinctement la description des organes générateurs, ainsi que deux figures, considérablement grossies, représentant toutes deux les mêmes organes, mais de deux insectes bien connus, le Hanneton ordinaire (*Melolontha vulgaris*) et la Cantharide des vésicatoires (*Lytta vesicatoria*).

L'appareil générateur femelle (fig. 1, 2), offre des organes sécréteurs essentiels ; ce sont les *ovaires* (fig. 1, 2, A), des canaux excréteurs, qui portent ici le nom d'*oviductes* (fig. 1, 2, C), des organes sécréteurs accessoires, etc. Les ovaires sont des organes doubles et symétriques, placés sous et sur les côtés de l'intestin ; leur volume varie beaucoup, suivant les espèces, l'âge, et l'époque de l'accouplement. Lorsqu'elle approche, ils acquièrent un très grand développement ; ils sont composés d'un plus ou moins grand nombre de tubes membra-

5

neux, terminés en cul-de-sac par l'une de leurs ex-
trémités. C'est dans leur intérieur que paraissent se
former les œufs, qui sont placés à la file les uns des
autres; l'extrémité opposée au cul-de-sac est fixée sur
les parois d'une cavité que l'on nomme *calice* (fig. 1, 2, B),
qui se continue avec les *conduits excréteurs* (fig. 1, 2, C);
ceux-ci se réunissent bientôt et constituent le *canal
commun de l'oviducte* (fig. 1, 2, D). Divers appendices
viennent se grouper autour; le principal est celui qu'on
appelle *vésicule copulatrice* (fig. 1 2, E): ainsi nommé,
parce que dans son intérieur le pénis du mâle pénètre
pour y déposer la liqueur séminale. Le *vagin* est ordinairement entouré d'un certain nombre d'appendices cornés, tantôt peu développés, tantôt se prolon-
geant outre mesure, et formant une tarière à l'aide de
laquelle l'insecte perfore le corps dans lequel il doit
déposer ses œufs; d'autres fois enfin, comme chez
beaucoup d'Hyménoptères (Abeilles, Guêpes, etc.), ils
sont convertis en armes d'attaque et de défense, et
forment l'aiguillon.

Une seule copulation suffit pour un nombre im-
mense d'œufs. Au premier abord, ce phénomène paraît
inexplicable, car les expériences semblent prouver
qu'une condition essentielle à la fécondation est le
contact immédiat de la liqueur séminale et des œufs;
mais plusieurs auteurs ont fait voir que cela dépen-
dait de ce que le sperme ne pénétrait pas dans les
ovaires, où il n'aurait pu arriver qu'aux œufs qui oc-
cupaient l'extrémité inférieure des tubes ovigères, mais
qu'il était déposé dans la *poche copulatrice* (fig. 1, 2, E),
devant l'ouverture de laquelle chaque œuf est obligé

de passer avant d'être pondu : ce n'est donc que dans ce moment que la fécondation a lieu. Ce qui est difficile à concevoir, c'est la manière dont le sperme pénètre les œufs, qui à cette époque sont durs et se succèdent assez rapidement au moment de la ponte.

Je ne m'étendrai pas davantage sur cette partie, que je n'ai ajoutée que pour vous donner, Messieurs, une idée de la fécondation des œufs dans les insectes, et pour chercher à vous persuader que ce n'est pas dans cet état que les soudures se forment, mais bien de la première métamorphose à la seconde, c'est-à-dire de l'état de larve à l'état de nymphe. Plusieurs exemples paraissent le prouver. Premièrement, on n'a pas observé de chenilles ou larves qui aient eu quelques déformations, et elles devraient exister si la soudure de deux œufs avait lieu. Secondement, Huber donne la preuve que le mode seul de nourriture peut influer sur le développement ou l'avortement d'organes essentiels. Ces deux ordres de faits peuvent nous faire comprendre comment un avortement ou une soudure peut avoir lieu par la pression plus ou moins considérable de la terre ou d'une écorce d'arbre qui recouvrirait les larves, lorsqu'elles vont se transformer en nymphes.

La plus ou moins grande quantité ou l'espèce de nourriture influe sur le plus ou moins grand développement des différents organes de l'animal ; ainsi, par exemple, Huber, dans son excellent ouvrage sur les abeilles, prouve que les larves des neutres, qui n'ont pas d'organes générateurs développés dans leur état parfait, peuvent devenir femelles ou reines, si les mulets les nourrissent avec de la bouillie préparée pour les reines; car, d'après les expériences de cet auteur, toutes les abeilles neutres ne sont que des femelles dont les organes régénérateurs ne sont pas développés.

Cet exemple prouve bien que la nourriture influe étonnamment sur le plus ou moins d'accroissement des organes. L'exemple des chenilles que nous élevons pour avoir des papillons, est aussi très frappant; car tous les individus que nous avons élevés de chenilles sont beaucoup plus petits, souvent mal conformés, lorsque la chenille n'a pas reçu assez de nourriture.

Cette nourriture influe aussi sur la couleur des ailes. Par exemple, les papillons que nous élevons ont des couleurs moins belles que ceux qui sont éclos en plein air. Il ne me semble pas nécessaire de dire que ces comparaisons doivent être faites au moment où le papillon vient d'éclore.

La différence de nourriture influe aussi sur les couleurs de plusieurs Lépidoptères; ainsi l'on est parvenu dans ces derniers temps, en nourrissant la chenille de tel ou tel papillon, avec une autre plante que celle qu'elle mange habituellement, à produire des variétés constantes de couleurs.

Je crois donc qu'il faut diviser les monstruosités en deux classes :

1° *Monstruosités par soudure* ;
2° *Monstruosités par avortement.*

Comme ce nom l'indique, les *monstruosités* par *soudure* se forment par la réunion de deux individus qui se seront trouvés rapprochés dans le moment de leur transformation de larve en nymphe, et non par la soudure de deux germes: donc l'insecte parfait sera plus ou moins double, puisque deux êtres auront été sondés plus ou moins intimement.

La seconde monstruosité, par *avortement*, est celle où la nymphe aura éprouvé une pression quelconque qui aura produit l'avortement de quelque partie de son corps. J'ajouterai que le manque de nourriture dans l'état de larve peut produire le même phénomène dans quelque partie de l'insecte.

Le premier genre de monstruosité, celui qui a lieu par soudure, est beaucoup plus rare; car, deux larves se trouvent rarement rapprochées au moment de leur transformation, et n'éprouveront pas un concours de circonstances assez favorables pour que la soudure puisse s'opérer. Si l'on admettait que les soudures ont lieu par la réunion de deux œufs, on devrait en trouver davantage; car. étant en assez grande quantité dans les ovaires, il devrait y avoir plus souvent adhérence.

Le second cas de monstruosité, causé par avortement, est beaucoup plus commun: d'abord il faut une moins grande réunion d'incidents favorables pour les avortements que pour les soudures; une pression quelconque, le manque de nourriture peuvent causer un grand nombre d'avortements. En effet l'on trouve beaucoup d'insectes n'ayant que trois ou quatre pates, ou une ou point d'antenne. Un fait curieux qu'Huber cite dans son ouvrage, et qui viendrait à l'appui de mon idée, est celui des larves des abeilles neutres, dont, si on les nourrit avec de la nourriture destinée aux larves des reines, les parties génitales se développent, lorsqu'elle deviennent insectes parfaits et sont propres à la reproduction.

Je consignerai ici quelques faits assez intéressants que j'ai eu l'occasion de voir.

Le premier est publié dans Guérin (*Magasin d'Entomologie*, pl. 40). C'est le *Scarites pyracmon* de l'ordre des Coléoptères, famille des Carabiques, qui a trois jambes au lieu de la jambe gauche antérieure. J'ai fait une copie (fig. 3, 4), du dessin qui se trouve dans cet ouvrage.

Le second cas est celui aussi d'une monstruosité par soudure de l'*Helops cœruleus* (fig. 5, 6, 7) de l'ordre des Coléoptères, section des Hétéromères. J'ai trouvé cet insecte par hasard dans ma collection; j'en ai fait le dessin de grandeur naturelle, ainsi qu'un grossissement.

L'antenne gauche, comme la figure la représente, est dans son état parfait, composée de onze articles; je n'en ferai pas la description, puisqu'il n'y a pas d'anomalie.

L'antenne droite est trifurquée à sa moitié; les quatre premiers articles sont les mêmes que dans l'état ordinaire, mais le cinquième est très dilaté et paraît être formé de deux articles soudés. Son sommet présente deux faces obliques; de la gauche part une antenne à six articles (fig. 6, A), qui, avec les quatre autres et la cinquième soudée (fig. 6, B), formerait l'antenne dans son état parfait. De sa face droite partent deux autres rameaux ou antennes; l'interne est la plus courte (fig. 6, C). Elle est composée de cinq articles dont trois mal conformés et rabougris. La branche droite est aussi longue que la gauche (fig. 6, D) ; elle est composée de six articles, dont le dernier est mal conformé.

Outre tant d'autres monstruosités prises dans d'autres classes et déja connues, je citerai l'exemple d'un Coq, observé par mon père, ou deux fémurs sont complètement soudés, de manière à pouvoir être pris pour un seul. Cet oiseau avait toute la partie antérieure du corps dans l'état ordinaire, mais il avait deux bassins soudés. Le second, qui n'était pas bien conformé, portait à sa partie postérieure une seule cavité, au lieu de deux, pour recevoir les têtes des fémurs complètement soudés, lesquels, au lieu de présenter deux têtes, offraient une large surface oblique, par laquelle l'articulation avait lieu, et qui pendant la vie avait une certaine mobilité. Au sommet de ce double fémur étaient évidemment articulées deux jambes mal conformées, mais dans lesquelles on pouvait bien distinctement reconnaître les quatre os des jambes.

Le troisième exemple de soudure est celui d'un Bombyx que j'ai vu vivant chez M. Prévost-Duval, entomologiste genevois, qui élève avec beaucoup de patience un grand nombre de chenilles. Il ramassa l'année dernière des chenilles d'un Bombyx dont je ne sais plus le nom ; peu de temps après, ces chenilles, qui s'étaient transformées en nymphe, se métamorphosèrent en papillon. Il fut frappé de voir un de ces Bombyx dont l'antenne, les ailes, et le corps du côté droit, étaient d'un mâle (les mâles des Bombyx ont des antennes pennées, et les ailes ordinairement de couleur différentes de celles des femelles; les femelles les ont filiformes, ainsi que des ailes différentes de celle du mâle). Le côté gauche était de la femelle du même insecte.

J'ai vu, ainsi qu'un grand nombre de personnes, ce lépidoptère vivant; mais je ne pus pas distinguer comment les parties génitales étaient conformées. M. Prévost me dit qu'il n'avait point remarqué d'anomalie dans les chenilles qu'il avait ramassées; ce qui fait présumer que cela venait de deux chenilles qui se seraient soudées lors de leur transformation en nymphe. Cet échantillon curieux a été vendu, ainsi que le dessin qui en avait été fait, à un Anglais qui est parti pour Londres.

Toutes ces monstruosités, qui paraissent au premier abord surprenantes, nous expliquent des faits que pendant long-temps nous n'avons pu comprendre; c'est ce qui est arrivé d'abord en botanique. Je crois que ce n'est qu'en étudiant tous les organes dans chaque espèce, que nous finirons par trouver des bases sûres pour la science: c'est ce qui nous manque en entomologie, où l'on ne s'est presque encore attaché qu'aux organes extérieurs, qui offrent, à la vérité, dans quelques cas, de bons caractères, mais qui, s'ils étaient réunis aux caractères anatomiques, assureraient une classification qui a déja si souvent été changée. A la vérité, ces organes sont si petits, qu'il faudrait plus de la vie d'un homme pour faire un travail complet sur cette partie importante; c'est pourquoi il faut chercher à réunir tous les travaux particls en ce genre, afin de pouvoir par la suite en tirer des généralités; car il faut tout attendre de l'observation, base universelle de toutes nos connaissances.

EXPLICATION DE LA PLANCHE.

Fig. 1. HANNETON COMMUN. A , ovaires. B , calice. C, oviductes. D, canal commun de l'oviducte. E , vésicule copulatrice. F , portion de l'intestin.

Fig. 2. CANTHARIDE. Les mêmes organes que dans la fig. 1.

Fig. 3. Monstruosité du *Scarites pyracmon*, offrant à sa gauche trois pates antérieures au lieu d'une.

Fig. 4. Les trois pates antérieures gauches du même insecte, grossies.

Fig. 5. *Helops cœruleus*. Fabr., de grandeur naturelle.

Fig. 6. Tête et corselet de l'*Helops cœruleus*, grossis. A B C. Antenne trifurquée, grossie.

Fig. 7. Elytre grossie de l'*Helops cœruleus*.